·三角形·

寻找神奇的三角泉

〔韩〕奉贤珠 / 著 〔韩〕孙惠兰 / 绘 刘娟 / 译

云南出版集团 晨光出版社

这就是三角泉呀！
可三角泉到底是
什么意思呢？

三角就是三角形的意思，
三角泉就是三角形的泉眼。
那三角形是什么
样子的呢？

在森林深处，有一孔三角泉，那里云雀整日“啾啾”地鸣叫着，小松鼠每天在树林间跳来跳去，欢乐地唱着歌。

三角泉里的水源源不断地从地下喷涌出来，据说只要喝了这孔泉眼的水，就可以百病全消。

但是谁也不知道三角泉到底在哪里。

很久很久以前，有个三兄弟是出了名的孝子，大家都叫他们老大、老二和老三。

三兄弟的妈妈生病了，吃了很多药也不见好转。

眼见妈妈的病越来越严重，三兄弟非常伤心，他们绞尽脑汁，希望能找到办法治好妈妈的病。

有一天，三兄弟听说森林里有一孔可以治愈百病的神奇三角泉。

他们不约而同地喊起来：

“我们一定要找到三角泉，让妈妈的病好起来！”

“没错，只要找到三角泉，妈妈就能痊愈了！”

事不宜迟，三兄弟立马动身，去森林里寻找三角泉。

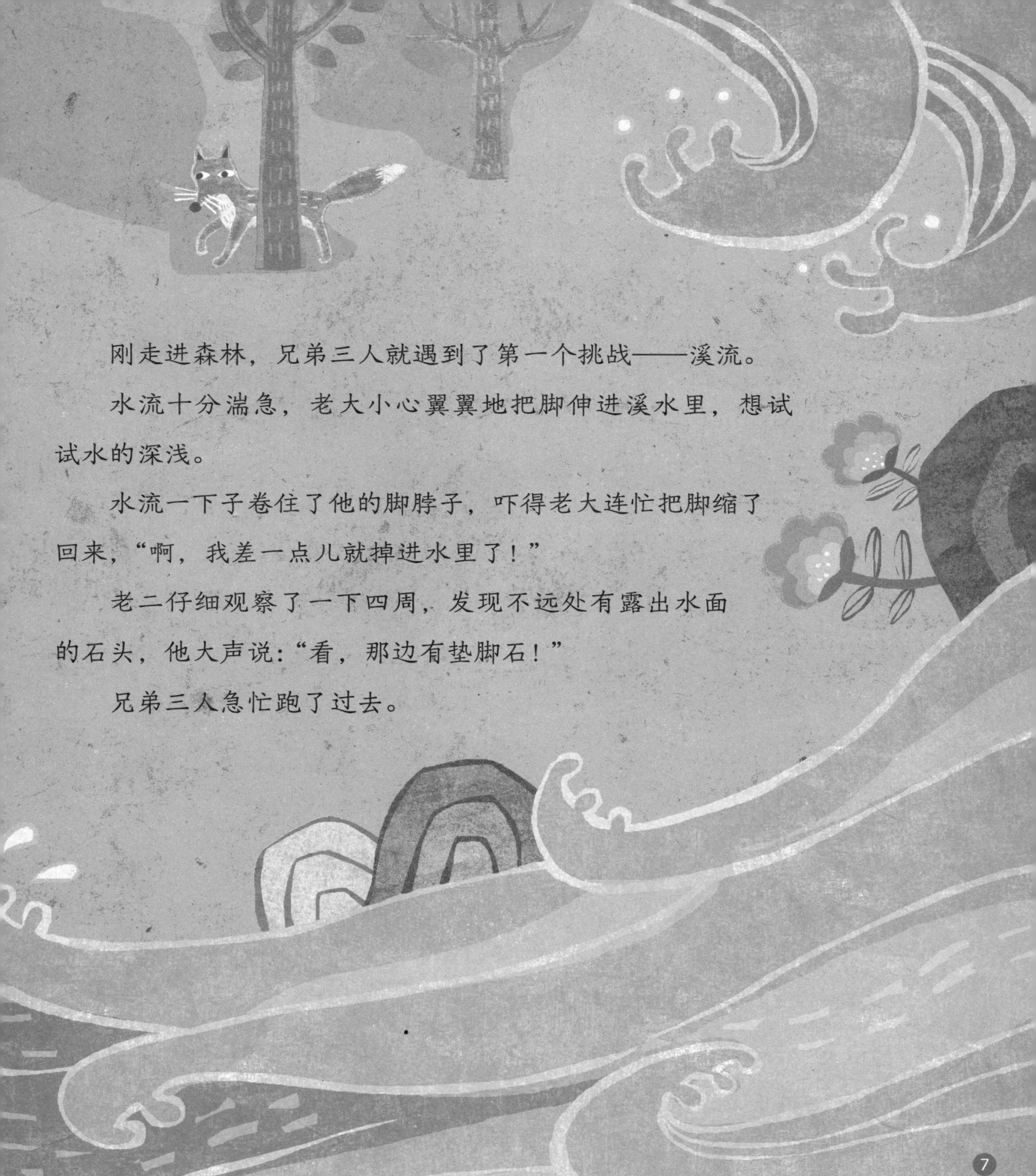

刚走进森林，兄弟三人就遇到了第一个挑战——溪流。

水流十分湍急，老大小心翼翼地把脚伸进溪水里，想试试水的深浅。

水流一下子卷住了他的脚脖子，吓得老大连忙把脚缩了回来，“啊，我差一点儿就掉进水里了！”

老二仔细观察了一下四周，发现不远处有露出水面的石头，他大声说：“看，那边有垫脚石！”

兄弟三人急忙跑了过去。

走在前面的老大踩了下一块四边形的垫脚石。

“哎呀！”垫脚石一下子就沉了下去，老大差点儿摔进了水里。

这时，一条木叶鱼跳出水面，对他们说：“你们先想一想，哪种形状是由3条线段组成的？你们踩着那种形状的垫脚石走，就能顺利过去。”

“由3条线段组成的形状？是这个吗？”老二一边说，一边轻轻地踩上了一块圆形的垫脚石。

“哎呀！”圆形的垫脚石也沉了下去，消失得无影无踪。

这时，木叶鱼再一次跃出水面，说道：“我说的这种形状，由3条线段组成，也有3个角。”

“有3个角的垫脚石？”听了木叶鱼的话，三兄弟认真地思考起来。

“啊，我知道啦！肯定是三角形的垫脚石！”老大说。

“没错，三角形不就有3个角嘛。”老二说。

“对！三角形由3条线段组成。”老三说。

三兄弟开始仔细地观察垫脚石。

“这块石头一个角都没有，肯定不是三角形。”

“那块石头有1,2,3,4，一共4个角，也不是。”

“这块石头有1,2,3，正好3个角！是我们要找的三角形垫脚石！”

虽然找到了所有三角形的垫脚石，但老大和老二都害怕掉进水里，迟迟不敢踩上去。

老三鼓起勇气，一路踩着三角形垫脚石摇摇晃晃地过去了。

看到老三平安无事，老大和老二也紧随其后，小心翼翼地过了小溪。

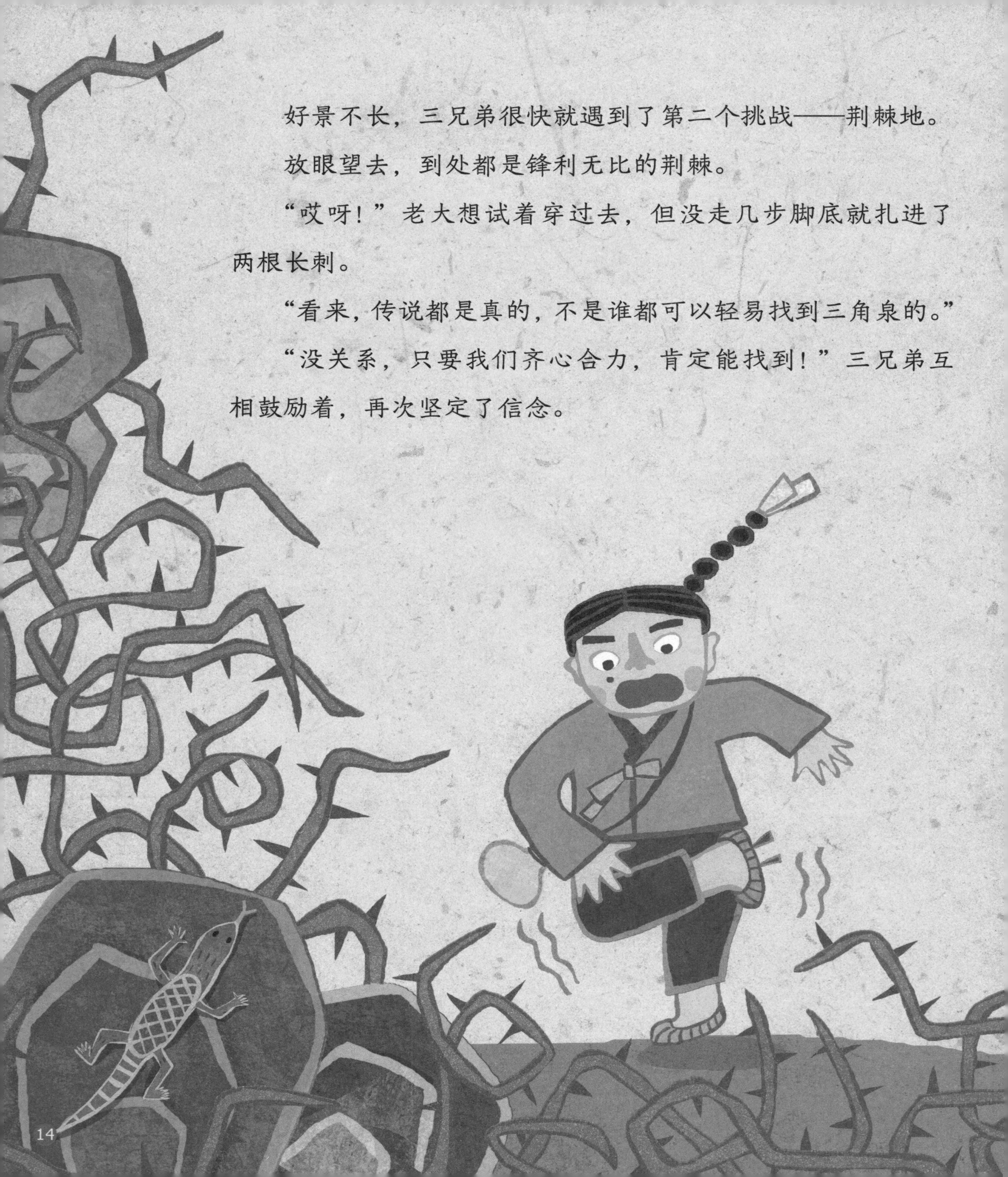

好景不长，三兄弟很快就遇到了第二个挑战——荆棘地。

放眼望去，到处都是锋利无比的荆棘。

“哎呀！”老大想试着穿过去，但没走几步脚底就扎进了两根长刺。

“看来，传说都是真的，不是谁都可以轻易找到三角泉的。”

“没关系，只要我们齐心合力，肯定能找到！”三兄弟互相鼓励着，再次坚定了信念。

这时，一直在暗中观察四周的老二，突然发现了一些异常情况。

“咦？那里怎么挂着很多草绳圈？”

老二指了指长在荆棘地里的小树，树枝上真的挂着一排三角形的草绳圈。

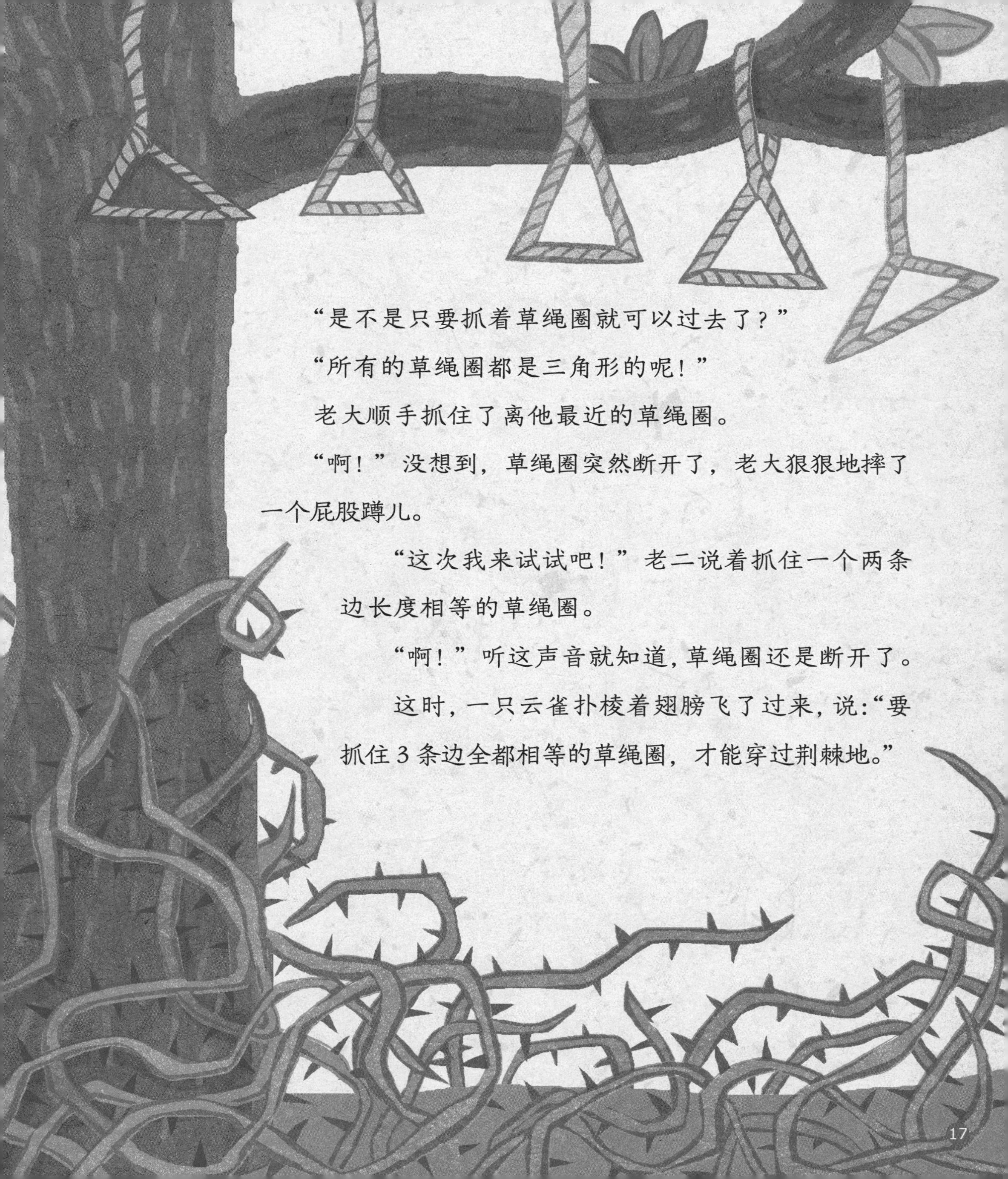

“是不是只要抓着草绳圈就可以过去了？”

“所有的草绳圈都是三角形的呢！”

老大顺手抓住了离他最近的草绳圈。

“啊！”没想到，草绳圈突然断开了，老大狠狠地摔了一个屁股蹲儿。

“这次我来试试吧！”老二说着抓住一个两条边长度相等的草绳圈。

“啊！”听这声音就知道，草绳圈还是断开了。

这时，一只云雀扑棱着翅膀飞了过来，说：“要抓住3条边全都相等的草绳圈，才能穿过荆棘地。”

听到云雀的话，

三兄弟再次认真地观察起来。

“这个草绳圈的3条边长度全都不相等，肯定不行。”

“这个草绳圈只有两条边长度相等，也不行。”

“那个草绳圈3条边长度都相等，所以……没错，就是它！”

找到了所有符合条件的草绳圈，老大和老二又犹豫了，他们担心还会摔下去，荆棘扎到屁股上，可真疼啊！

“只要抓着3条边都相等的三角形草绳圈向前走，就不会掉下去的！”看到哥哥们迟迟不敢行动，老三抓住草绳圈，“蹭蹭蹭”地穿过了荆棘地，大声鼓励着哥哥们。

看到老三安然无恙，老大和老二才小心地跟在后面，穿过了荆棘地。

就这样，不管是晴天还是阴天，刮风还是下雨，除了偶尔停下来休整一下，三兄弟都在抓紧时间赶路。

又走了很久，这次三兄弟遇到了新的挑战，他们面前出现了几个三角形的洞穴。

“咱们应该进哪个洞穴呢？”

三兄弟站在三个洞口前，拿不定主意。

这时，一只小松鼠蹦蹦跳跳地过来了，示意三兄弟跟着它走。

只要进入直角三角形
形状的洞穴就可以啦！

第二个洞穴有一个直角，
就像正方形的其中一个角。

最后一个洞穴
有一个角特别大。

第一个洞穴的
三个角都比较小。

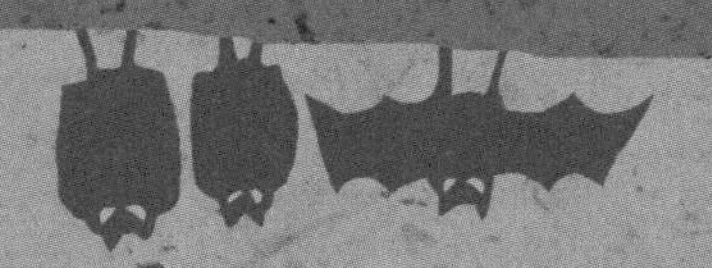

于是，三兄弟跟着松鼠钻进了直角三角形的洞穴里。

兄弟三人都觉得三角泉可能就在这个洞穴里，即便周围黑漆漆的，他们也都睁大了眼睛，仔细观察着各个角落。

“三角泉到底在哪里呢？”老三的声音里满是疲惫。

“等等！这是什么味道？”

这时不知道从哪里飘来一股香味。

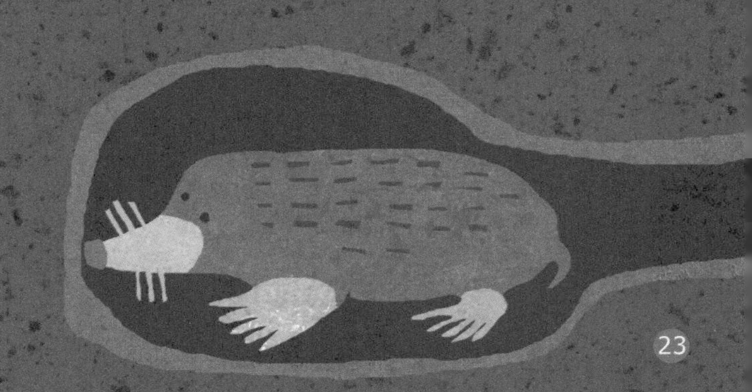

三兄弟沿着味道飘来的方向一路找过去，发现了一块看起来美味可口的蒸糕。

“哇，看起来好好吃啊！”辛苦了一路的兄弟三人，忍不住咽了咽口水。

“等一下！”小松鼠跑过来说，“在这个洞里，你们只可以吃三角形的食物！”说完，小松鼠就消失了。

三兄弟失望极了，因为他们发现所有的蒸糕都是四边形的。

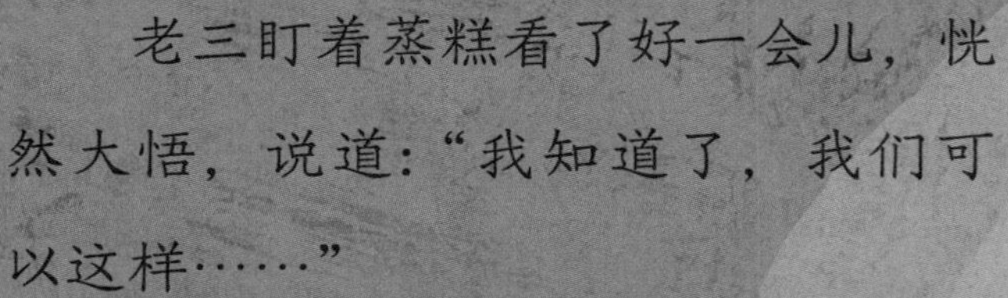

老三盯着蒸糕看了好一会儿，恍然大悟，说道：“我知道了，我们可以这样……”

他沿着四边形的两条对角线切了两刀。

这么一来，原本一大块方方正正的蒸糕，被分成了 4 块三角形的蒸糕。

兄弟三人都很高兴，各自拿起一块三角形的蒸糕吃了起来。

他们决定把剩下的那块蒸糕留给小松鼠。

这时，不知从哪里传来了“哗哗”的水声。

三兄弟连忙循着水声跑到洞穴外。

“是三角泉！我们找到三角泉啦！”

果然，那里真的有一孔三角形的泉眼在淙淙地冒着泉水。

“看来，你们三兄弟是真正的孝子啊，三角泉是只有真正的孝子才能找到的孝子泉。”

云雀在三角泉上悠然地转着圈，“啾啾”地欢唱着，为一路历经多次艰险的三兄弟高歌、庆祝。

“不过，为什么一定要进入直角三角形的洞穴？还只能吃三角形的食物呢？”

“你们三兄弟先牵住彼此的手，围成一个三角形吧！”在三角泉上方叽叽喳喳地唱着歌的云雀突然停下来说。

这时，小松鼠蹦蹦跳跳地跑过来，接着解释道：“因为三角形是最稳定的结构。这次寻找三角泉的经历，是想告诉你们，只要你们像现在这样紧握着手，团结合作，你们就会像三角形一样稳固，坚不可摧！”

三兄弟终于恍然大悟，他们告别了云雀和小松鼠，带着满满一桶泉水回家去了。

久病的妈妈喝了泉水，果然神奇地痊愈了。

让我们跟老二一起回顾一下前面的故事吧！

我们三兄弟坚信，只要找到三角泉，就能治好妈妈的病。

在寻找三角泉的过程中，我们踩着由 3 条线段组成的三角形垫脚石穿过了小溪，抓着 3 条边等长的三角形草绳圈越过了荆棘地。我们克服了许多困难，终于找到了三角泉，还认识了各种各样的三角形。

接下来，我们来学习更多与三角形有关的知识吧。

数学面对面

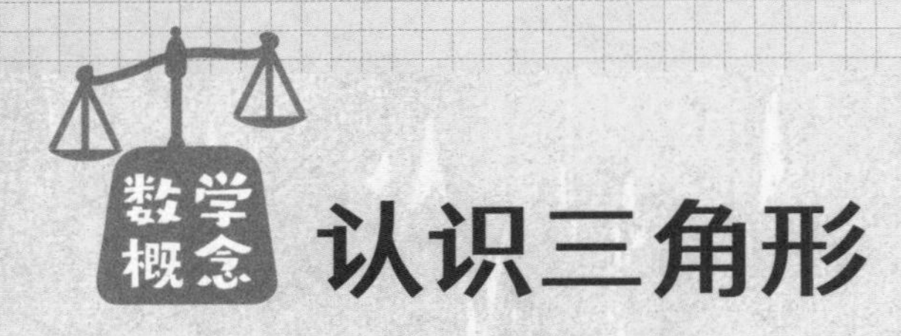

认识三角形

由同一平面上不在同一直线上的 3 条线段首尾顺次连接组成的封闭图形，叫作三角形。只有 2 条线是绝不可能构成三角形的。

由 3 条线段围成
并有 3 个角的图形
就是三角形。

三角形中每两条边相交的点叫作三角形的顶点，围成三角形的线段叫作三角形的边。三角形有 3 个顶点、3 条边和 3 个角。

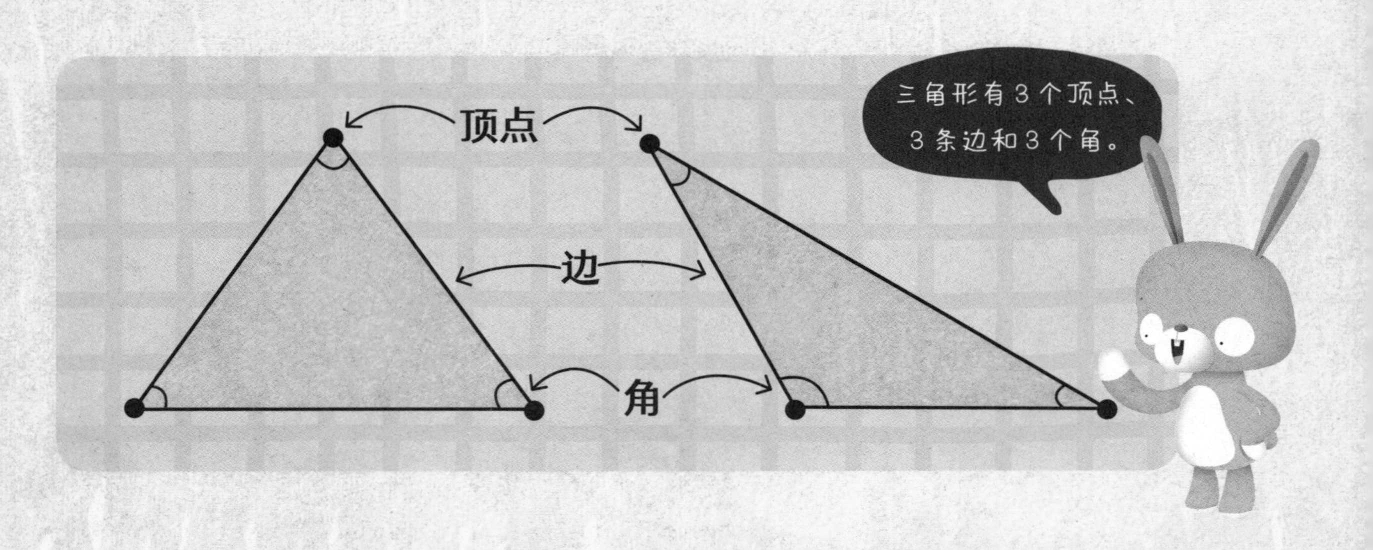

三角形在我们的生活中随处可见。比如家中常见的衣架、数学课用的三角板、好吃的三明治和三角饭团，还有在路上随处可见的交通指示牌等。

三角形的边长不同，各个角的大小不同，其特点也不同。由此，我们可以根据其不同的特点，对三角形进行命名。

两条边长度相等的三角形叫作**等腰三角形**，等腰三角形中两个底角的度数也相等。

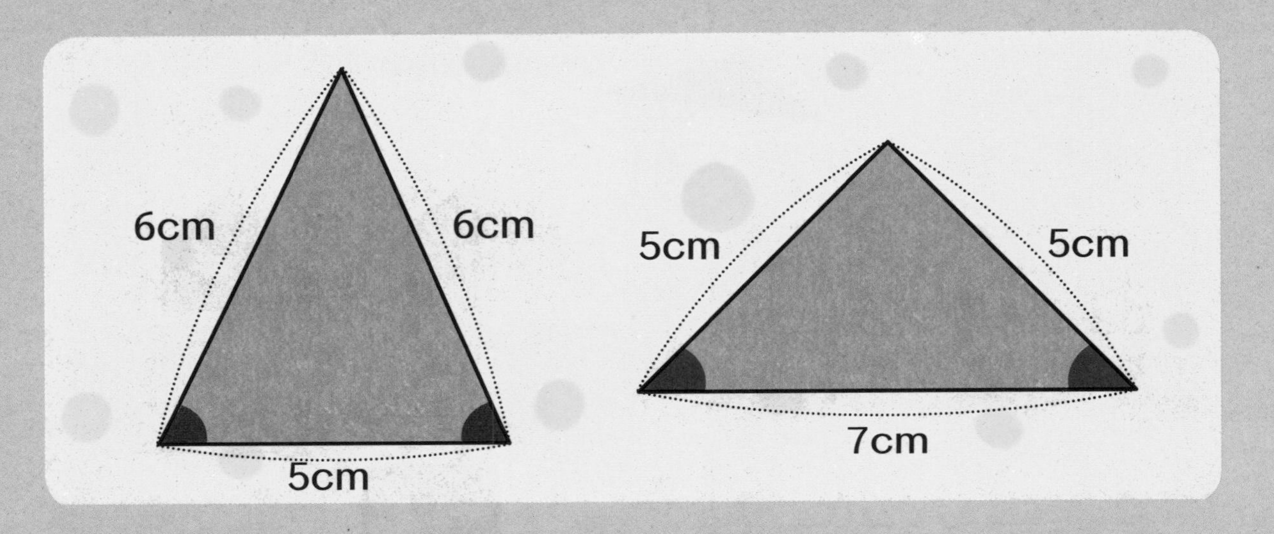

3 条边长度都相等的三角形叫作**等边三角形**。等边三角形各个角的度数都相等，所以成为等边三角形的条件十分苛刻。

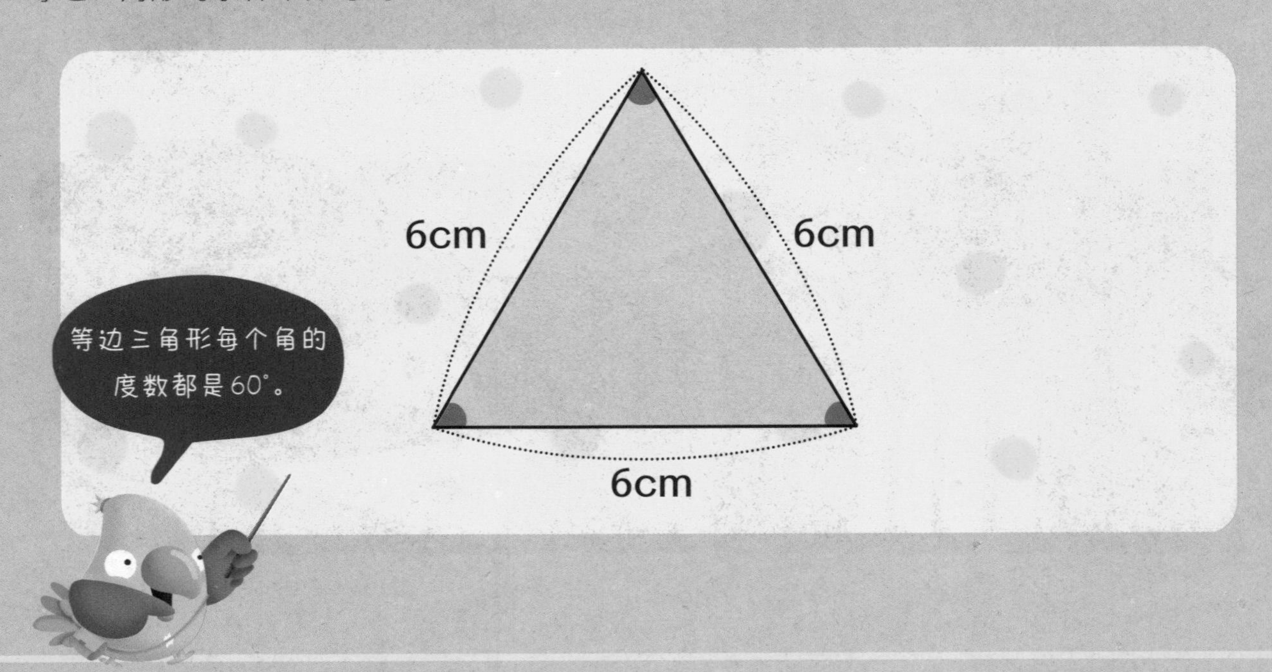

按照三角形的角的度数对三角形进行分类，可以分为：直角三角形、锐角三角形、钝角三角形。接下来，我们就来研究一下上述 3 种三角形的特征吧！

其中一个角是直角的三角形就是**直角三角形**。

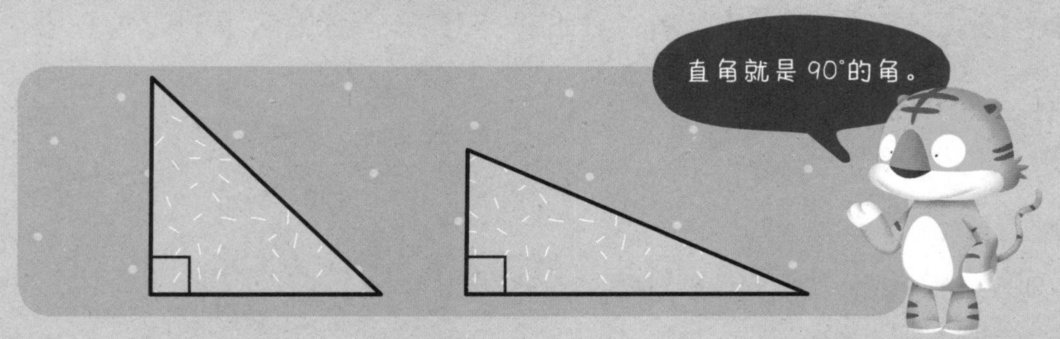
直角就是 90°的角。

3 个角全都是锐角的三角形就是**锐角三角形**。一个角是钝角的三角形就是**钝角三角形**。

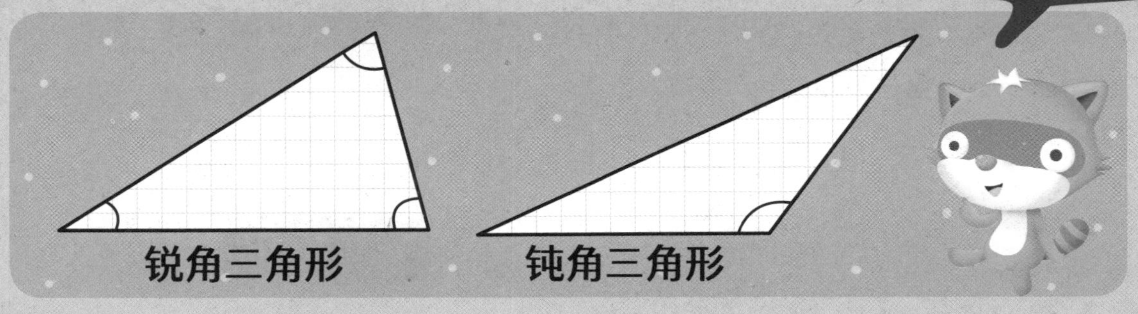
比 90°小的角叫锐角，比 90°大且比 180°小的角叫钝角。
锐角三角形
钝角三角形

好奇心一刻

只要有 3 条线段，就可以构成三角形吗？

并不是只要有 3 条线段就一定能构成三角形。构成三角形的最长边的长度，要小于另外两条边的长度之和。如右图所示，只有黄色的边长度小于其他两条边的长度之和，才能构成三角形。

生活中的三角形

我们已经对各种各样的三角形有了初步了解。在我们周围，形状各异的三角形是以怎样的形式呈现的呢？接下来，我们就来了解一下生活中的三角形吧。

地理

地图中的符号

地图是把地表上的样貌按照比例缩小到非常小的尺寸后，呈现在纸上的图画。如果把实际的地貌原原本本地呈现出来，操作难度很高，所以画地图时会按比例进行缩小。同时，还会使用各种约定俗成的符号在地图上进行简单标识，其中就有代表山地的三角形。符号虽然很简单，但是便于识别，因此被广泛使用。

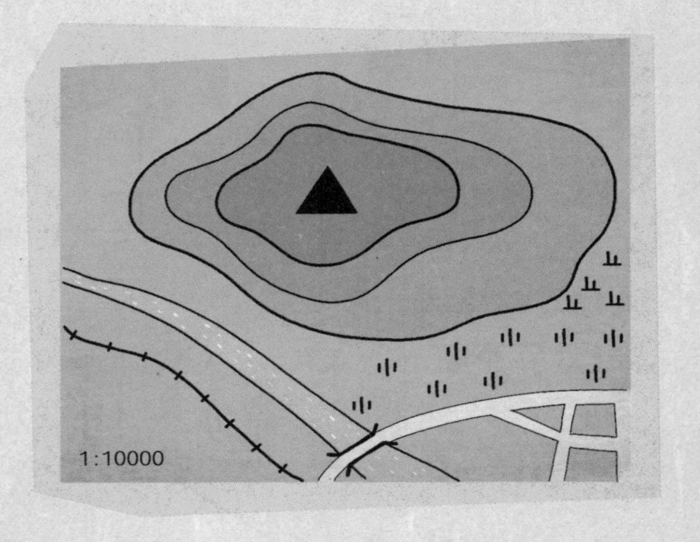

历史

窝棚

很久很久之前，人们住在天然的洞穴里，后来才慢慢开始自己建造房子。其中，窝棚这种房子，需要先在地上挖坑，将树木插进去作支撑，然后用稻草或芦苇铺成屋顶。窝棚在新石器时代被广泛使用，从远处看就像一个巨大的三角形。

音乐

三角铁

三角形的英文是 triangle，在音乐课上使用的三角形乐器叫作三角铁。因为是三角形的，所以就给它取了这样一个名字。演奏者可以抓住悬挂在一端的提手，用金属棒敲打出悦耳的声音。三角铁的音色清脆而响亮。

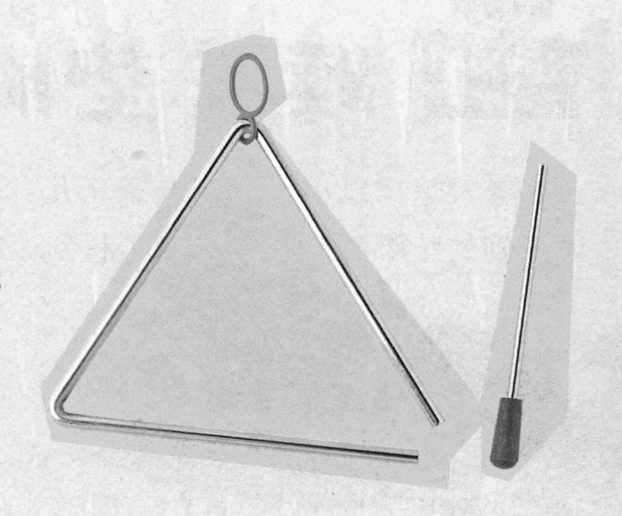

科学

三角洲

江河上游水流往往非常湍急，下游水势则会逐渐放缓。因此在流淌的过程中，江河中会有大量泥沙堆积在入海口，日积月累就渐渐形成了一块三角形的土地，这块土地被称为三角洲。比如我国的长江三角洲、珠江三角洲，还有埃及的尼罗河三角洲、美国的密西西比河三角洲，因为地势平坦，土壤肥沃，水源充足，均成为人口居住密度较大的地区。

趣味
小游戏
1

踩着垫脚石过河

老大想穿过小河去朋友家玩儿。仔细阅读垫脚石上的文字，踩着对三角形描述正确的垫脚石前进，就能顺利到达朋友家。

出发
三角形由3条
线段构成。
在等腰三角形中，
3个角的大小
都相等。
一个三角形有
3个角。
一个三角形有
4个顶点。
在直角三角形中，
3个角有一个角
是直角。

到达
在锐角三角形中，
3个角只有一个角
是锐角。
一个三角形有
3个顶点。
在钝角三角形中，
3个角都是钝角。
三角形3条边
可以都相等。
三角形的3个角
大小相等。

装饰花田

这一次，孝子三兄弟和他们的妈妈来到了花田。花田里到处都是含苞待放的花骨朵和已经盛开的鲜花。请小朋友们仔细阅读折叠方法，用彩纸分别折出花朵和花骨朵，粘贴在下方相应的位置上。

折叠方法

谷折线
粘贴处

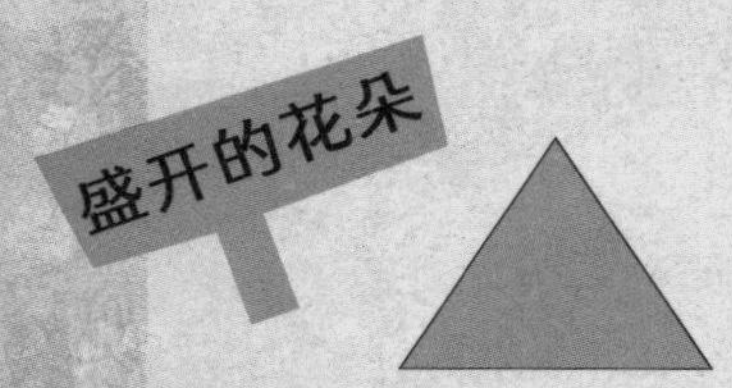

①准备一张每条边都为7cm左右的三角形彩纸。

②将三角形的下半部分向上折叠。

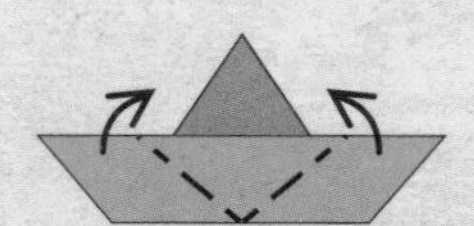

③将两端沿着图中所示虚线向中间和上边折叠。

④这样，一朵盛开的花朵就折好啦。

①准备一张每条边都为7cm左右的三角形彩纸。

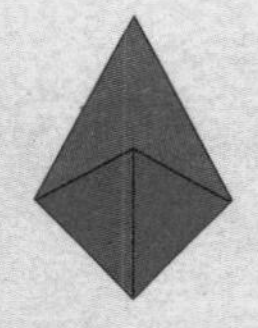

②将两端沿着中间线向上折叠。

③把彩纸翻面后，将下面的部分向上折叠。

④再将两端沿着中间线向上折叠，一个花骨朵就折好啦。

连一连 趣味小游戏3

下图中，孝子三兄弟正在向朋友们展示和说明各种三角形。请找出与三兄弟说的话相对应的三角形，并用线连接起来。

钝角三角形
直角三角形
锐角三角形
这个三角形中有一个角的度数是90°。
这个三角形中3个角的度数都比直角小。
这个三角形中有一个角的度数比90°大，比180°小。

拼一拼

T 恤的中间缺失了一块，缺失的部分呈 T 形。请沿黑色实线把最下方的三角形分别裁剪下来，粘贴到 T 恤上缺失部分对应的位置，把 T 形拼贴出来。

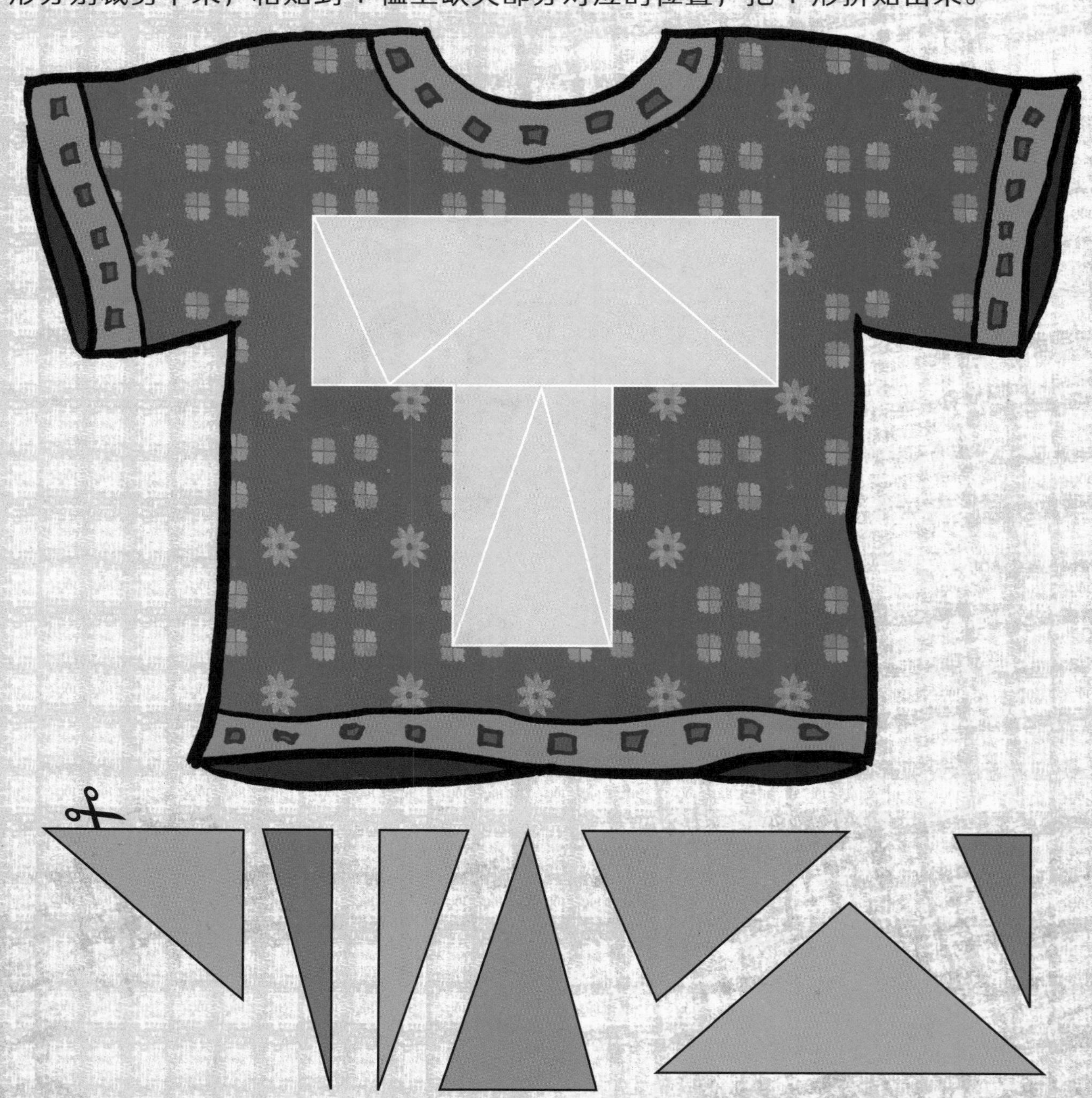

三角形的好朋友

下图中，按照角的度数，把三角形分成了 3 类。请小朋友们参考左侧的三角形，写出对应的三角形名称，再在右侧找到与它种类不同的三角形并圈出来。

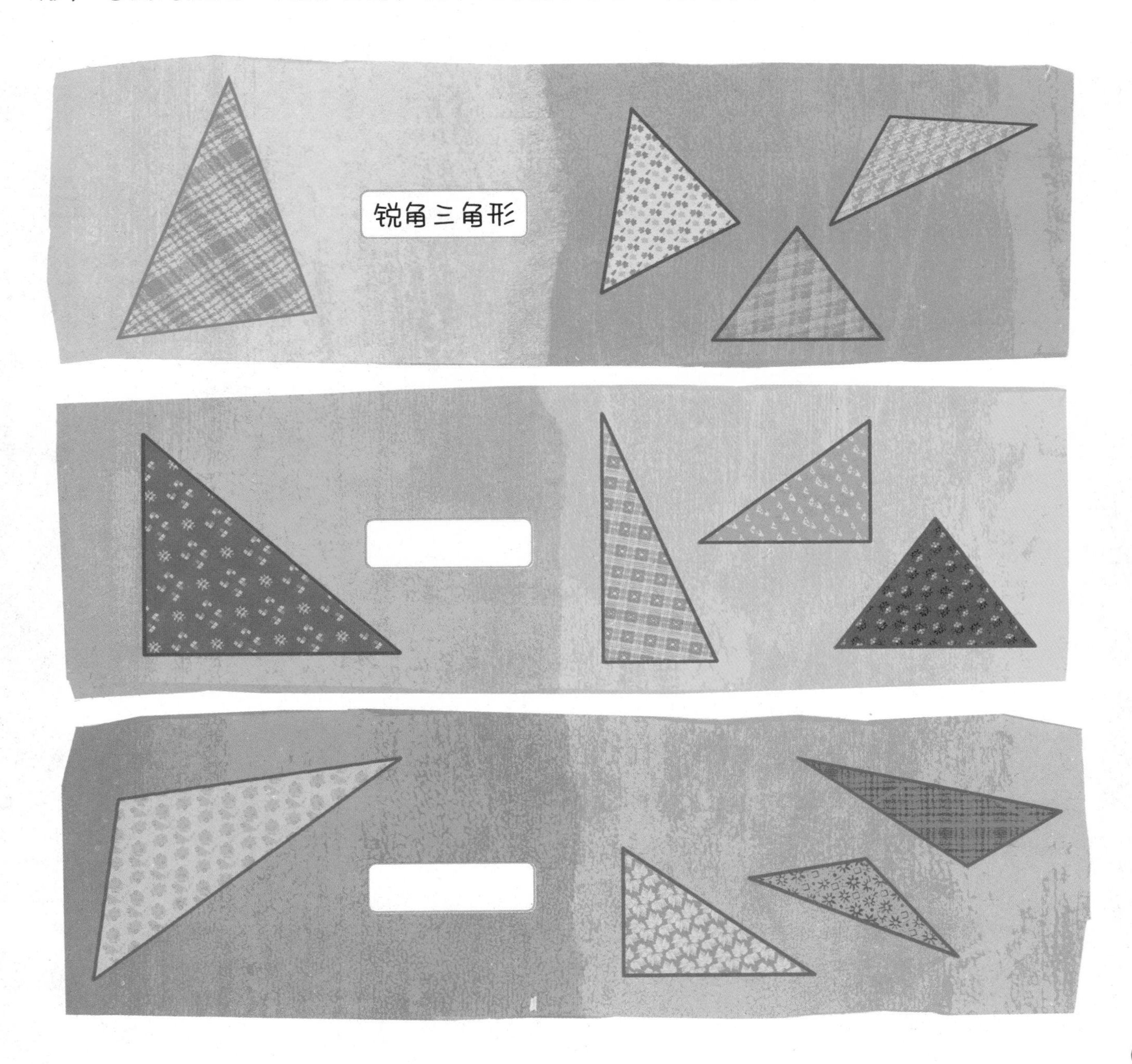

趣味小游戏6 用三角形画画

云雀把自己知道的所有三角形都整理了出来，并用这些三角形画了一幅漂亮的画。请在云雀画好的图中，数一数各种三角形分别出现了几次，并把对应的次数填写在□里。

等边三角形

3条边长度都相等的三角形

钝角三角形

一个角为钝角的三角形

直角三角形

一个角为直角的三角形

等边三角形一共出现了□次，钝角三角形一共出现了□次，直角三角形一共出现了□次。

烤饼干

趣味小游戏 7

阿虎和小兔把烤好的三角形饼干分类，然后一人拿走了两块。请小朋友们仔细观察阿虎和小兔带走的饼干，参考小兔的示例，找出阿虎的三角形饼干的共同点，写在下面的横线上。

等腰三角形饼干
示例
·两条边的长度相等。
·两个角的度数也相等。
等边三角形饼干

参考答案

40~41 页

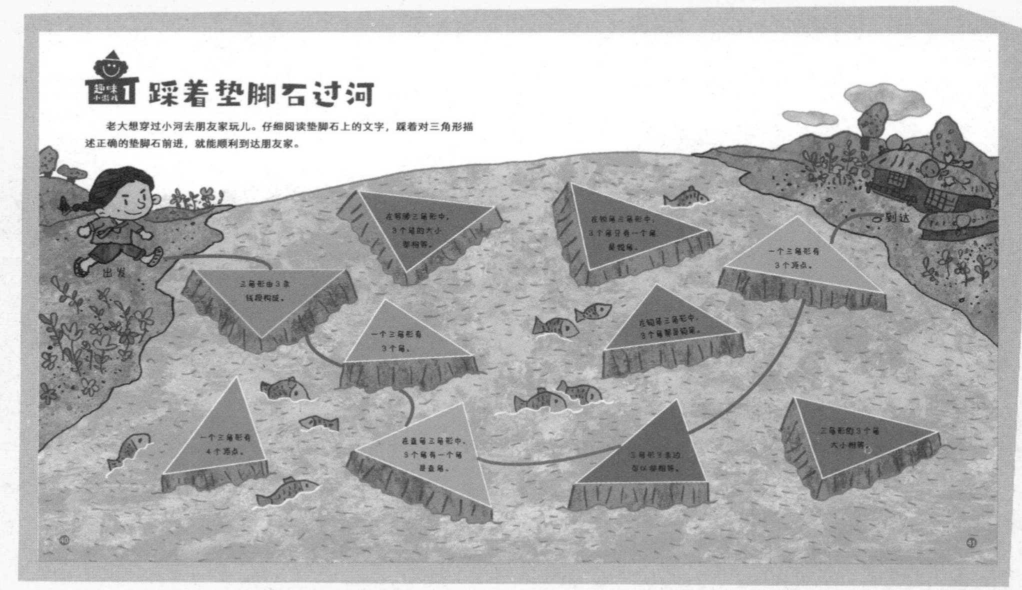

42~43 页